爱上自然课
AISHANG ZIRANKE

水土：植物的生长历程
SHUITU:
ZHIWU DE SHENGZHANG LICHENG

知识达人 编著

成都地图出版社

图书在版编目（CIP）数据

水土：植物的生长历程 / 知识达人编著 . —成都：
成都地图出版社，2017.1（2021.6 重印）
（爱上自然课）
ISBN 978-7-5557-0261-0

Ⅰ . ①水… Ⅱ . ①知… Ⅲ . ①植物生长—青少年读
物 Ⅳ . ① Q945.3-49

中国版本图书馆 CIP 数据核字 (2016) 第 079902 号

爱上自然课——水土：植物的生长历程

责任编辑：游世龙

封面设计：纸上魔方

出版发行：成都地图出版社

地　　址：成都市龙泉驿区建设路 2 号

邮政编码：610100

电　　话：028－84884826（营销部）

传　　真：028－84884820

印　　刷：唐山富达印务有限公司

（如发现印装质量问题，影响阅读，请与印刷厂商联系调换）

开　　本：710mm × 1000mm　1/16

印　　张：8　　　　　　字　　数：160 千字

版　　次：2017 年 1 月第 1 版　　印　　次：2021 年 6 月第 5 次印刷

书　　号：ISBN 978-7-5557-0261-0

定　　价：38.00 元

目录

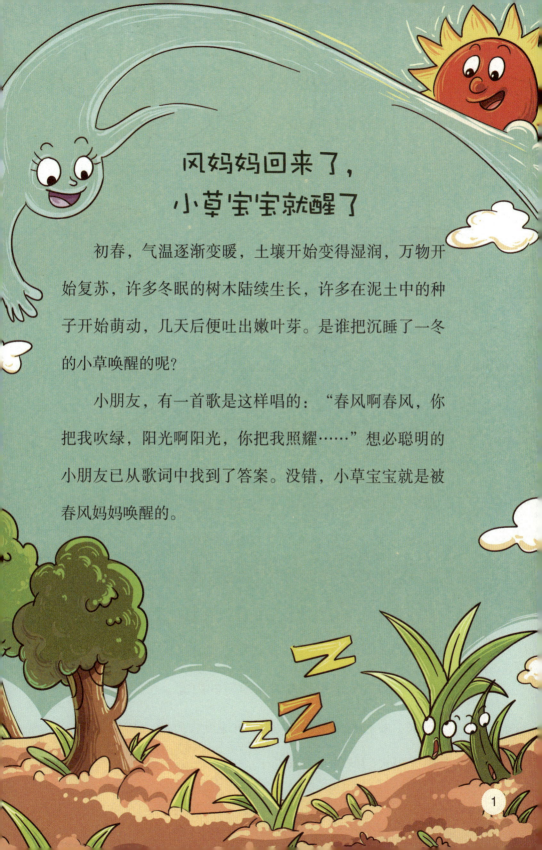

风妈妈回来了，小草宝宝就醒了

初春，气温逐渐变暖，土壤开始变得湿润，万物开始复苏，许多冬眠的树木陆续生长，许多在泥土中的种子开始萌动，几天后便吐出嫩叶芽。是谁把沉睡了一冬的小草唤醒的呢？

小朋友，有一首歌是这样唱的："春风啊春风，你把我吹绿，阳光啊阳光，你把我照耀……"想必聪明的小朋友已从歌词中找到了答案。没错，小草宝宝就是被春风妈妈唤醒的。

小朋友，为什么春风妈妈一来，小草宝宝就会苏醒呢？这要从小草宝宝苏醒的三个条件说起。

小草宝宝苏醒，就是从草籽变成小草芽的过程，也就是草籽开始生根、发芽、从泥土中钻出来的过程。这个过程需要一定量水分、充足的空气和适宜的温度。

草籽萌发首先需要的就是水分。吸水之后，它的种皮开始软化、膨胀，同时草籽从休眠状态醒来，已经软化的种皮可以使更多的氧气透过种皮进入草籽的内部。

其次，草籽萌发过程中要不断地进行呼吸，得到能量，才能保证浸水后的种子继续生长。

最后，当草籽吸收了水分和氧气之后，适当的温度也很重要。如果温度过低的话，草籽的呼吸作用就会受到限制，而草籽内部的生理活动也都需要适宜的温度。

　　这三个条件都随着春风妈妈的到来而一起来到了。所以春风妈妈一到，绝大部分植物，连休眠的动物都苏醒过来，大地又恢复一片繁荣。

　　聪明的小朋友们，你们知道吗，其实不仅是小草宝宝，所有的植物种子的萌发都离不开适宜的温度、水分和充足的空气哦。

笋娃娃是竹子妈妈生的吗

"嘴尖皮厚腹中空。"小朋友们知道这句诗说的是什么植物吗？对！它就是我们盘中的美食——竹笋。

竹笋是竹子的幼芽，作为食材，它可是当之无愧的"菜中珍品"。竹笋中含有非常丰富的氨基酸、蛋白质、胡萝卜素、铁、磷等营养物质，这些营养物质对于正在长身体的小朋友们来说可是非常有益的啊！

我们知道，竹笋长大以后会变成竹子。可是，又矮又胖的"笋娃娃"是从哪

里来的？是又高又瘦的竹子妈妈生的吗？

竹笋是从竹子的地下茎（又叫竹鞭）上长出来的。地下茎是横着生长的，中间稍空，也有很多很密的竹节。竹节上长着许多须根和芽。

高大的竹子，通过光合作用，制造了生长所需的营养物质，传送到地下茎储存起来。经过春天、夏天和秋天的努力，地下茎中储存了足够的营养，于是在竹节上的小芽开始长大。

秋冬时，竹芽还没有长出地面，这时挖出来就叫冬笋；春天，竹笋长出地面就叫春笋。春天时，竹芽在干燥

挑"食客"的竹笋

竹笋营养非常丰富，对身体很有益处，但我们不能过量食用。尤其是那些患有胃溃疡和肝硬化的人，千万不能吃太多。原因是竹笋含有较多的粗纤维素，对他们的病情很不利哦！不过对于大部分人来说，竹笋还是可以多吃一点的。最后，要提醒小朋友们，竹笋和红糖不能搭配着吃，这样会产生对我们身体有害的物质呢！

的土壤中等待春雨，如果下过一场透雨，春笋就会以很快的速度长出地面，如不被人挖走，很快就会长成竹子。

还有一些不长出地面的芽，会在地下横着生长，发育成新的地下茎，因此竹子都是成片成林地生长。

笋娃娃是一种浑身是宝、营养丰富的食物。如果你不喜欢吃竹笋，一定要慢慢纠正这种饮食习惯哦！快来尝试着让自己爱上竹笋吧！它吃起来真的很鲜美呢！

开过花的竹子会死吗

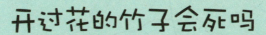

在我们的印象中，许多植物每年到花季都会开出绚丽多姿的花朵。开花对于植物来说，就是隆重的"婚礼"。

有人说竹子不开花，一开花就要死了。这是真的吗？

我们先说说竹子开不开花的问题。

竹子是有花植物，当然也是要开花结实的。只是竹子种类多，又不像一般的有花植物那样每年开花结实，因此有人误认为竹子不开花。

其实有少数竹子，如群蕊竹、线痕箣竹，一年左右开一次花。但有的

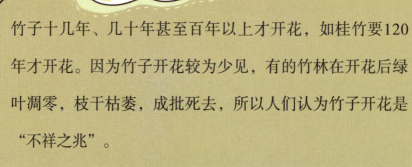

竹子十几年、几十年甚至百年以上才开花，如桂竹要120年才开花。因为竹子开花较为少见，有的竹林在开花后绿叶凋零，枝干枯萎，成批死去，所以人们认为竹子开花是"不祥之兆"。

为什么竹子开花后会死去呢？这令很多科学家困惑，目前也没有准确的答案。有一种被大家普遍认同的解释是，世间万物都有自己的生命期限，竹子也不例外。

尽管竹子能活十几年甚至几十年，但最终都要面临死亡。在竹子的生命即将走向尽头的时候，它们为了繁衍后代，会尽其所能，把体内所有

的精华全部浓缩到花和种子中，然后奋力地开出最美丽的花朵———一生中唯一的一次。

等到竹子开完花结完籽，体内贮藏的养分也就完全被耗光了。竹子完成了自己最后的使命，随后慢慢干枯、死去。

竹子开花时，竹叶的颜色有点枯黄。在竹枝间，冒出一些类似藤一样的东西，上面长有一些小粒子，这就是竹子花。

其实，开花结果后就枯死的植物有很多，比如麦子、玉米、高粱、花生等。不过，它们都属于一年生植物，一年一度的开花结果已经司空见惯了。而竹子是多年生植物，一生中只有一次开花结果，所以在自然界才

显得那么珍贵。

　　小朋友们不要为竹子死去而惋惜哦！要知道一个生命的结束，其实是另一个生命的开始呢。虽然竹子开花之后会消亡，但他们结出的花籽却能够孕育出更多新生命。等到环境条件适宜的时候，这些新生命会破土而出，茁壮成长，慢慢又会变成挺拔的竹子啦！

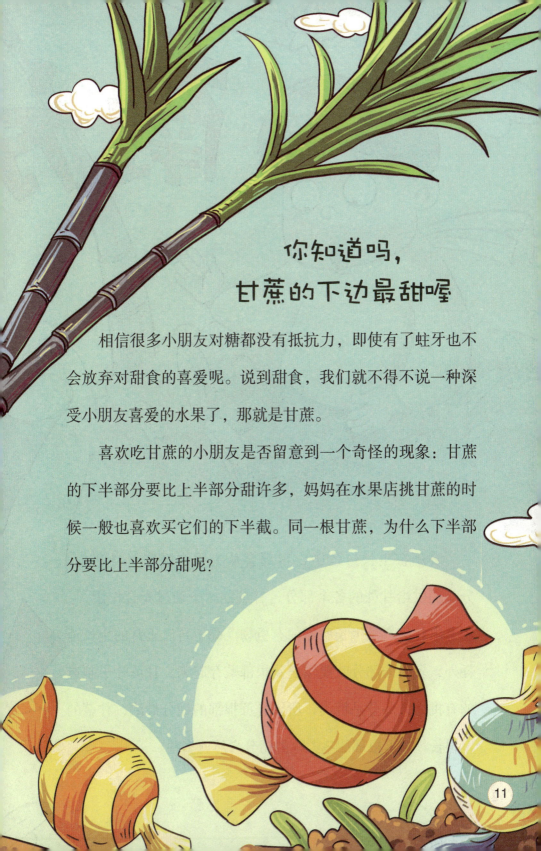

你知道吗，
甘蔗的下边最甜喔

相信很多小朋友对糖都没有抵抗力，即使有了蛀牙也不会放弃对甜食的喜爱呢。说到甜食，我们就不得不说一种深受小朋友喜爱的水果了，那就是甘蔗。

喜欢吃甘蔗的小朋友是否留意到一个奇怪的现象：甘蔗的下半部分要比上半部分甜许多，妈妈在水果店挑甘蔗的时候一般也喜欢买它们的下半截。同一根甘蔗，为什么下半部分要比上半部分甜呢？

甘蔗在生长过程中，根部会从土壤中吸取养料和水分，提供给甘蔗的各个部分，甘蔗的叶子通过光合作用，制造出甘蔗本身生长所需的有机物。除了自己正常的生长消耗外，多余的部分就要输送到根部贮存起来。甘蔗叶子制造的有机物大部分是糖类，所以甘蔗根部的糖分最浓，甘蔗的茎很长，靠近根部的茎贮存的糖分自然就多些。

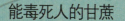

能毒死人的甘蔗

　　甘蔗如果放置久了很容易发生霉变，这样就会产生一种叫"节菱孢菌"的真菌。这种真菌能够分泌出影响人们中枢神经和消化系统的有毒物质。如果甘蔗放很久才食用，那么我们2～8小时内就会出现呕吐、头晕等症状，严重者还会昏迷和死亡呢！那我们怎么分辨这种"毒甘蔗"呢？小朋友们可以将甘蔗切开，如果发现断面上有红色的丝状物，就说明甘蔗已经发霉了，这时就千万不要再吃了。

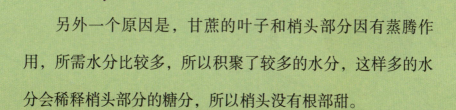

　　另外一个原因是，甘蔗的叶子和梢头部分因有蒸腾作用，所需水分比较多，所以积聚了较多的水分，这样多的水分会稀释梢头部分的糖分，所以梢头没有根部甜。

　　了解了这些，相信很多小朋友都能学会如何挑选甘蔗了。不过我们要注意，不要太贪嘴，吃完甘蔗还要漱口，免得生出蛀牙哦！

昙花为什么只能"一现"呢

"昙花一现"通常用来形容美好事物的短暂。小朋友们知道吗，昙花的花朵从开放到凋零只有三四个小时的时间。"短暂的花期，瞬间的美丽"——这是昙花的花语，也是昙花的独特魅力所在。

关于昙花还有一个动人的传说。相传昙花曾经是非常不起眼的小花，无论它如何努力绽放，都不如其他花朵那么娇艳夺目。它终日蜷缩在角落里，无人问津，直到有一天遇到

一位宫廷画师。

昙花与画师非常投缘，对方也很欣赏它。但好景不长，皇后要求这位画师必须画出世间最美丽的花朵，如果画不出就要处死他。为了帮助画师，昙花以生命为代价，央求花仙施法把它变成世间最美的花朵，然后等待着画师前来作画。画师看到了世间最美的花朵，一气呵成完成了作品，因此躲过了一劫，而昙花却在自己绽放后没多久就凋零了。

当然，这只是昙花一现的传说哦！现在，让我用科学方法来为小朋友们解释一下，为什么昙花只有这么短暂的花期。

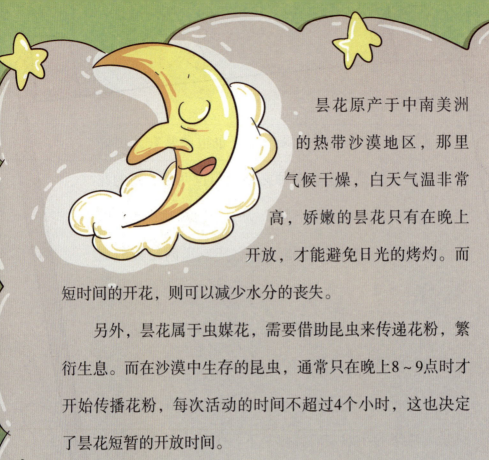

昙花原产于中南美洲的热带沙漠地区，那里气候干燥，白天气温非常高，娇嫩的昙花只有在晚上开放，才能避免日光的烤灼。而短时间的开花，则可以减少水分的丧失。

另外，昙花属于虫媒花，需要借助昆虫来传递花粉，繁衍生息。而在沙漠中生存的昆虫，通常只在晚上8~9点时才开始传播花粉，每次活动的时间不超过4个小时，这也决定了昙花短暂的开放时间。

　　喜欢思考的小朋友可能会问，为什么昆虫要选择这个时间段活动？那是因为沙漠里的温差很大，白天气温过于炎热，午夜过后温度又会降到最低，沙漠里只有晚上8点以后的温度最适合昆虫授粉。就这样，经年累月的进化后，昙花为了适应环境，更好地生存，便逐渐形成了仅仅开花3～4个小时的特殊习性。

　　有一个词语叫"花开有时"，说明每种花都有自己的开放时间及规律。比如牵牛花在早上开，到了中午就谢了；半枝莲在阳光强烈的正午盛开；而剪秋萝则在黄昏时开。所以

昙花在晚上开放并不奇怪。

在众多植物中，也有一些植物像昙花一样在晚上开花，开花的时间同样短暂，比如仙人球、仙人鞭等。不过它们的花不及昙花动人，所以被很多人忽略了。

虽然昙花在绽放几个小时后便会凋零，但是它却留下了惊人的芳香与美丽，它怒放的生命永远让人为之迷恋。

快瞧瞧，兰花爬到树上了

小朋友，你们见过兰花吗？它可是一种非常美丽的花哦！它象征着美好、清雅和高洁。古今中外，很多名人对兰花的评价都很高，它被大家喻为"花中君子"。

兰花是植物物种最丰富的家族之一。据植物学家们统计，目前，世界上共有2万多种兰花呢！在我国，兰花主要分为春兰、蕙兰、建兰、寒兰、墨兰5大类，共有1000多种。

虽然兰花的观赏价值很高，但要想养殖兰花一定要有耐心。因为它

有一个特别的习性，就是很"淘气"，尤其喜欢"爬树"。说到这里，相信小朋友又开始好奇了吧，为什么兰花不像桃花、梨花一样生长在树上，而非要爬到树上去呢？

这是因为兰花属于一种附生植物，它们喜欢依附在其他植物身上生长，比如树杈、树梢、树皮等，都是它们寄居的地方。不过，兰花可不是寄生虫哟！它们和树木的关系就像牙签鸟和鳄鱼一样，是互相帮助的共生关系。当兰花爬上树之后，不仅满足了自己的生长需求，

还把树木装点得更加漂亮，真的是一举两得呢！

那么，是不是所有的兰花都附生在树上呢？其实不是的。现如今，很多兰花也可以被养殖在花盆中，比如蝴蝶兰就是很多家庭的养殖首选。

小朋友对兰花感兴趣吗？想不想让自己的房间变得更加漂亮呢？我们不妨在房间里养上一些兰花吧！

还魂草真能"还魂"吗

相传，民间有一种可以起死回生的仙草。这种仙草长在天池的岸边。有一年，民间瘟疫流行，住在天池中的善良的龙女非常同情民间的百姓。于是她就把天池边的仙草偷偷拿给百姓们治病。但是龙女却因此被龙王惩罚，被打到人间，甘愿化作九死还魂草，也就是传说中能够死而复活的——还魂草。

这种故事外国也有，英国莎士比亚有一个名剧《罗密欧与朱丽叶》，其中也有还魂草的情节。

　　小朋友是不是在想：还魂草是否真实存在？真的可以让人起死回生吗？我现在告诉大家，传说中的那种还魂草，应当不存在，否则传说了几千年的还魂草，怎么从不现身呢？

　　不过，确实有一种植物被称为"还魂草"，它是一种叫卷柏的蕨类植物，又名九死还魂草。人们之所以说它"还魂"，并不是因为它拥有让人起死回生的能力，而是因为它具有超强的生命力。

　　卷柏以极度耐旱著称，这种耐旱能力远远超过仙人球。如果它的生存环境干旱、缺少水分，它就会把自己的根从土

壤中分离出来，同时蜷缩起枝叶，进入"假死"的状态。这时的它远远看上去，就像枯萎的干草一样。然而，一旦环境中有了水分供应，卷柏就会由黄转绿，重新将自己的枝叶舒展开来。正是这种死而复生的能力才让它有了"还魂草"这个名字。

我们知道，任何生命都离不开水，但卷柏却有着超强的耐旱能力，任凭风吹日晒，它也能坚强地活下去。曾经有一位生物学家发现一棵卷柏标本在时隔11年之后竟然复活了！如此顽强的生命力，不得不让我们折服。

虽然卷柏没有传说中"还魂草"那种让人起死回生的能力，但它却有很高的药用价值。比如说，卷柏有着很好的抗癌作用，可以治疗较小的肿瘤，此外，它还能抑菌止血呢！原来，我们身边有这么神奇的"仙草"呀！只要我们善加利用，"还魂草"就能为我们的身体带来健康哟！

总是看着太阳公公的向日葵

提起向日葵，小朋友们都知道它就是向人们提供葵花籽的植物。

向日葵原产地是北美洲，后来各国都种植。它还被秘鲁、玻利维亚、俄罗斯等国奉为国花。世界各国都有关于向日葵来历的传说，虽然传说各不相同，但都有花盘时刻追着太阳移动的情节。可见，向日葵的花头一直迎着太阳的习性，早就被人们知晓。但是古人限于当时的科技水平，尚不能正确解释，所以才会有那么多的传说。

　　有人认为这是植物向阳性的表现，但这种解释并不
充分。向日葵之所以具有这种特性，是因为它含有一种叫
生长素的物质。这种特殊的物质不仅能促进植物生长繁殖，
还有一种向阳的特性。

　　也就是说，在阳光照射到向
日葵时，生长素会选择移动到背
光的花盘后。这时，花盘后花茎

中的细胞因生长素的作用，生长得相对比较快，花茎自然就向着阳光照射的方向弯曲了。所以，向日葵的花朵自然会面向太阳公公咯！

在太阳落山之后，向日葵中的生长素又重新分布，回到本来的位置上，向日葵的方向也随着再次改变，向着东方了。

葵花籽有营养

葵花籽是向日葵的果实，是一种营养价值非常高的健康食品。它富含优质的蛋白质、不饱和脂肪酸、钾、磷、钙、镁、硒等微量元素，以及维生素E、维生素B1等多种维生素，且热量低，不含胆固醇。经常食用葵花籽不仅能改善脑细胞的代谢功能，还具有防止衰老，提高免疫力，预防心血管疾病、高血压和动脉硬化等功效。

但是，当向日葵的花盘盛开、果实成熟之后，向日葵就不再跟着太阳公公转动了。这有两个原因，一是这时向日葵体内的生长素含量大大减少；二是这时向日葵的茎也老了，逐渐木质化，不再有年轻时的柔韧性。

向日葵的花盘追随太阳的特性，主要是为了花盘中那么多葵花籽的发育需要，当向日葵不再追随太阳公公的时候，也就到了葵花籽的收获时节了。

你知道这棵树几岁了吗

从我们降生开始，每年生日的到来，都标志着我们又增长了1岁。年龄伴随着我们度过每一个阶段，它对我们来说有着非常重要的意义。其实，世界上每种事物都有自己的年龄，那么，我们怎样才能知道一棵参天大树的年龄呢？

相信很多小朋友都不会被这个问题难倒，因为大家都知道根据年轮来推断树木的年龄。当我们想知道一棵树的年龄时，就可以数一数树桩上面一圈一圈环状的纹路，也就是年轮。年轮一圈代表着1年，

这样就能轻而易举地计算树木的年龄了。

不过，小朋友们知道年轮是怎么形成的吗？

原来，在树木茎干的韧皮部内侧，有一圈细胞生长得特别活跃，分裂速度也特别快。那些细胞向里分裂生成了新的木材，向外分裂则生成了新的树皮，在分裂的地方也留下了一圈圈的痕迹。由于它年复一年极有规律地生长，所以被我们称为年轮。经过比较我们会发现，环纹越多的树木树干越粗，也就代表着树的年龄越大，反之年龄就越小。

但是，小朋友们要注意了，有时候树木会和我们"捉迷藏"，它们会制造一些混淆视觉的"伪年轮"。这是怎么回事呢？

原来，在正常情况下，每到一个生长季，树木年轮中的细胞会进行一次分裂。不过也有特殊情况，有时因为温度、湿度和自然灾害等外界因素的影响，细胞的分裂次数会发生改变，导致树木在生长季中形成2个、3个甚至更多的年轮，这些就是"伪年轮"了。

打个比方吧，比如生长在热带和亚热带的桉树，由于

那里的气候在四季中没有明显的变化，所以树木基本上一直处于生长季，这种情况我们就难以用肉眼来判定树木的年龄了，要借助显微镜等器械才能看出树木真正的年轮。

年轮不仅能让我们轻易地判断出树木的年龄，同时也为我们的生活提供了便利。比如，当我们在森林中迷路的时候，可以借助年轮来辨别方向。在树木生长的过程当中，由于光照不均匀，所以不同部位的生长速度是不一样的。一

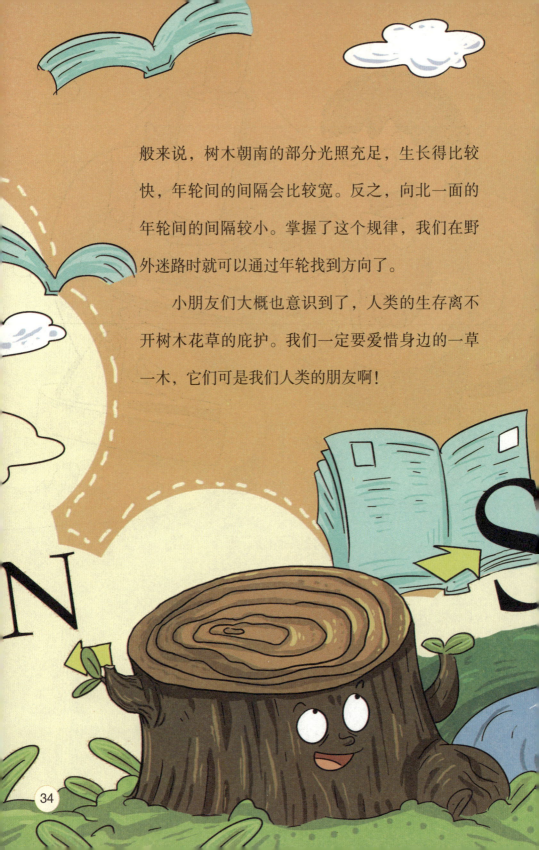

般来说，树木朝南的部分光照充足，生长得比较快，年轮间的间隔会比较宽。反之，向北一面的年轮间的间隔较小。掌握了这个规律，我们在野外迷路时就可以通过年轮找到方向了。

小朋友们大概也意识到了，人类的生存离不开树木花草的庇护。我们一定要爱惜身边的一草一木，它们可是我们人类的朋友啊！

千万别动大树的"衣服"

俗话说得好："不怕空心，就怕剥皮。"这句话并不是危言耸听，树皮对于树木来说起着"血管"的作用，如果一棵树的树皮被剥去一周，那么这棵树的生命就面临终结的危险了。

有些小朋友会想：通常情况下，生命最重要的部分不都

是应该被保护起来的吗，为什么树木恰恰相反呢？难道树皮的作用除了能防寒防暑、防止病虫害之外，还肩负着其他什么重大使命吗？

没错！树皮最主要的作用就是为树木运送养料。原来，在植物的皮里有一层叫作韧皮层的组织，韧皮层里排列着一条条的导管。叶子通过光合作用制造出养料后，要依靠韧皮层里的导管，将这些养料输送到树木的各个部分，以保证树木正常的生命活动。

如果你细心留意就会发现，有些树木中间已经空心，但看起来仍然勃勃生机，这是因为表面的树皮存在的缘故，它能够为树木源源不断地输送养料。

反之，假如一棵树的树皮遭到破坏，存在于其中的运输导管也必然被损坏。时间长了，树木根系部分原来贮藏的养料消耗完毕，根部就会慢慢被饿死。而地上部分的枝叶，由于得不到充足的水分及养料，那么，最后整株植物便会死

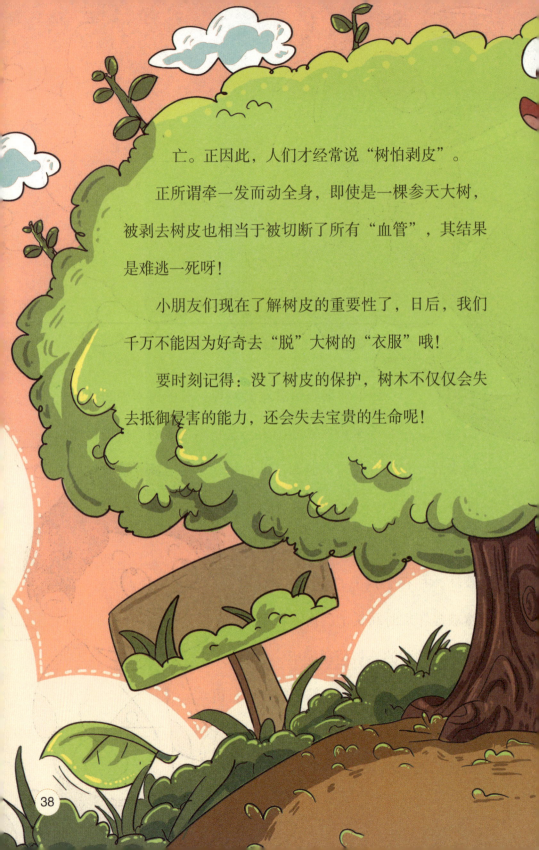

亡。正因此，人们才经常说"树怕剥皮"。

正所谓牵一发而动全身，即使是一棵参天大树，被剥去树皮也相当于被切断了所有"血管"，其结果是难逃一死呀！

小朋友们现在了解树皮的重要性了，日后，我们千万不能因为好奇去"脱"大树的"衣服"哦！

要时刻记得：没了树皮的保护，树木不仅仅会失去抵御侵害的能力，还会失去宝贵的生命呢！

嫁接的树苗能成活吗

　　相信每个小朋友都是爸爸妈妈眼中独一无二的珍宝。你们有没有想过这个问题：如果有一天，让你离开自己的爸爸妈妈，到别人家里生活，你能接受吗？相信每个小朋友都不会同意，大家都会觉得难以适应。但是你们知道吗，植物就可以做到这点哦！

　　你们也许会想，小树苗离开自己日夜生长的大树，被"嫁"到另一棵树上，能适应新的生活吗？会不会死

掉呢？事实告诉我们，树苗嫁接后大部分依然是能够继续活下去的。

打个比方，树苗嫁接就好像我们搬家一样，虽然换了一个环境，刚开始可能不太适应，但随着时间的推移，渐渐就会习惯。因此，嫁接后的树木依然能够开花结果。

那么，人们是怎么对树苗进行嫁接的呢？

现在让我来告诉你们吧！首先，要从一棵树上挑选出一棵树枝或新芽。然后在另一棵树的树干上制造一个小小的

　　"伤口"，露出树皮里面的部分。接着，把树苗的一头插入"伤口"中，再把这两部分的形成层，也就是可以进行细胞分裂的那一部分，紧紧地靠在一起，确保树苗的成活。这样，通过形成层的细胞增生，树苗与树干最终合二为一，成为一个整体。

　　当然，我们不能凭着天马行空的想象力随便为植物组建"新家庭"。如果两种植物不适合生长在一起，它们就会

为什么要将好好的"家庭"拆开后重组呢？

也许有的小朋友感到好奇，每一种植物都有自己的"家庭"，为什么要将它们拆开重组呢？我们不妨举例来说一下。有的水果好吃，但是它本身抗病能力弱，结出的果子少，不能满足人们的需求。如果我们选择一些抗病能力较强的植株进行嫁接，那么就会让植株在健康成长的同时结出更多的果实，这不是两全其美的事吗！

互相排斥，反而影响了各自的生长。所以，要想嫁接成功率高一些的话，最好选择2种"近亲"植物哦！比如，你可以选择不同品种的梨树进行嫁接，成活率就会高于梨树和苹果树的组合。这是因为相似的植株有着相似的组织结构，在遗传方面也有着相似点，所以很容易"生活"在一起。

嫁接技术是我们生产、生活的好帮手。小朋友们，要多多学习科学知识，也许有一天，你也可以将童话中琳琅满目的果树都搬到现实中来呢！

韭黄是韭菜的"近亲"吗

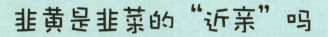

相信很多小朋友都吃过韭黄，也吃过韭菜。这两种蔬菜无论是长相，还是味道都非常相近。你有没有怀疑过它们是"近亲"呢？

其实，它们岂止是"近亲"，简直可以说是"亲兄弟"，只不过后天生长环境不同，才产生了区别。

说到这里，你一定想问：韭菜芽到底在什么样的生长环境中才会长成韭黄呢？

韭菜芽从土壤里生长出来，是长成韭黄，还是韭菜，关

键就在于它们是否进行了光合作用。想要培育韭黄，就要隔绝光线。没有了光线，韭菜就无法继续进行光合作用，也就难以继续合成叶绿素，最后颜色渐渐变黄，这就是韭黄。

虽然韭黄是由韭菜变来的，但它们的营养成分却不完全相同。由于韭黄的生长环境没有光照，因此它的营养成分比韭菜稍逊一筹。

　　不过，总体来看，韭黄的食用价值还是相当高的。它含有钙、磷、铁等微量元素，以及丰富的维生素和粗纤维，这些物质不仅能增强我们的体质，还有助于我们排出体内的毒物，所以韭黄又有"洗肠草"之称。

　　小朋友们还记得韭黄的味道吗？吃起来是不是特别鲜美呢？要知道韭黄还是开胃的法宝呢！它含有让我们食欲大增的挥发性精油和硫化物等特殊成分。如果小朋友们食欲不振，

不妨食用一些韭黄，你会发现自己慢慢变得爱吃东西了。

当然，韭黄吃得过多对身体也不好，什么东西都要适量食用才能发挥出最佳效用。

你知道了韭黄的各种好处之后，是不是开始喜欢上这种蔬菜了呢？对于正在长身体的小朋友来说，一定要吃健康的蔬菜，才能健康成长哦！

嗨，你认识植物
的生长素吗

前面有一节我们说到了向日葵中的生长素，由于它的作用，向日葵时刻都在进行"向阳运动"。

那么，这种生长素仅仅存在于向日葵中吗？当然不是了！其实，所有的植物中都含有生长素。

生长素，顾名思义，就是一种对植物的生长有着重要意义的激素。它不仅能刺激植物茎秆纵向生长，抑制其横向生长，还能调节植物的向地性和背地性，对植株果实发育也有

着重要的影响。

生长素在植物体内分布很广，几乎各个部位都有。通过向日葵的例子我们可以了解，生长素的分布不是均匀的。一般来说，它们大多集中在植物背光的部分。

虽然生长素是植物体内的一种激素，但是它的分布也会受到外界环境的影响。比如由于地球引力的影响，大多数生长素容易聚集在植物靠近地面方向的茎秆内，使得茎秆的下部生长较快。

由于生长素分布位置的不同，它们自身的敏感度也不同。比如说，植物根部生长素的敏感度比较高，而植物茎、芽部分的生长素的敏感度则比较低。

　　怎么样，生长素是不是很神奇呢？异彩纷呈的大自然里还蕴藏着许许多多有趣的奥秘，正等待着小朋友们去探索和发现呢！

山顶上的植物好矮喔

小朋友，你喜欢爬山吗？你有没有注意到，山顶的植物与山底的植物有很大的区别呢？仔细留意一下你就会发现，山顶的植物比山底的植物要矮很多呢！

我们都知道，植物的生长受环境的影响。现在，我们不

妨一起来看看山顶的环境究竟有多特别，以至于让那里的植物都变成了"小矮人"。

阳光是不能忽略的重要因素，阳光照射对植物的生长有很大的影响。按理说，山顶的阳光比山底更充足，植物应该生长得更好才对。但事实并非如此。因为阳光中还有一种我们不能忽略的射线——紫外线，紫外线对植物茎秆的生长有抑制作用，是植物长不高最大的"元凶"哦！

小朋友们都知道臭氧层能够吸收紫外线，不过它只能吸收一部分，还是会有一些紫外线射到我们的地球上。紫外线经过空气的层层"过滤"，到达山底时已少之又少，所以对那里的植物的抑制作用不是很明显。

　　但对于生长在山顶的植物来说可就不一样了。它们是最先受到紫外线"压迫"的，根本无法躲避这种射线的侵袭。这样的环境下，它们就是想长高也难啊！

　　另外，温度也是影响植物生长的一个重要因素。随着海拔的增高，温度会逐渐降低。我们都知道，低温不利于植物的生长发育，所以山顶的植物都长得比较矮小。

　　除了以上原因，山顶的环境还有许多不利于植物生长的

藏在阳光里的紫外线

太阳光中含有很强的紫外线。1801年，德国物理学家里特发现在日光光谱的紫端外侧有一段能使含有溴化银的照相底片感光的射线，由此，发现了紫外线。根据波长，紫外线被分为近紫外线、远紫外线和超短紫外线。紫外线会伤害皮肤，但不同波长的紫外线对皮肤的渗透程度不同。紫外线的波长越短，对人类皮肤的危害就越大。

因素。比如，山顶上的土壤较为贫瘠，难以为植物的生长提供丰富的营养；山顶上的风很大，常常将植物吹倒等等。

为了更好地生存，植物进行了长时间的适应进化，慢慢地，山顶的植物就都变成"小矮人"了。

为什么有的植物很怕光

有句俗语："萝卜白菜，各有所爱。"在日常生活中，我们每个人都有自己的偏好；在自然界中，动植物也会在适合自己生长的环境中居住！

以光照为例，有的植物，如向日葵，喜欢追逐阳光。但也有一些植物是非常怕光的，光照有时会成为它们致命的"毒药"呢！

现在我就跟小朋友们仔细讲一讲吧！从对光照的需求来看，我们可以把植物分为喜阳植物和喜阴植物。

喜阳植物对光照的要求比较高，它们需要充足的阳光来进行光合作用，进而生产出生长所需的营养物质。很多美丽的花朵都属于喜阳植物，比如菊花、石榴、月季、水仙、荷花等。有些树木，如松树、杨树、柳树等树木也属于喜阳植物。喜阳植物的叶片都会比较厚，质地比较粗糙，表面还有能够反射光线的角质层。

接着来说说这些讨厌光照的喜阴植物了。喜阴植物大部分生长在背光的山坡，它们不能忍受较强的直射光线。比如兰花、蕨类植物、竹子等，都属于喜阴植物。另外，很多大人们喜爱的发财树、绿萝、橡皮树、红掌等室内观叶植物，

大部分也都属于喜阴植物。

喜阴植物的叶片和喜阳植物的叶片正好相反，它们的叶片又大又薄，没有发达的角质层，因此，即使是只有弱光照射，它们也能很好地进行光合作用。

现在你明白了吧，植物会根据自身的特性选择生存环境。所以，小朋友们在种植植物的时候，一定要充分尊重植物的特性，这样它们才能健康地成长。

阳　阴

这些花也喜欢我们的家

随着社会经济不断发展，人们有条件追求有情调、有质量的生活，一些人喜欢在家里种植一些绿色盆栽植物，不出家门就可以感受大自然的气息。

科技也在发展，人们发现并不是什么植物都可以栽种在家中。有些植物被栽种在室内，会危害到家人的身体健康；有些植物则因为不

适应室内的温度及湿度，最后死去。这样看来，能够成为我们家中一员的植物一定非常喜欢我们的家呢！

那么，什么样的植物才能到家里常住呢？这就要找一些和我们生活搭调的植物了。总的来说，那些能够将二氧化碳转化成氧气的植物都适合在我们家里种植。

现在，就为小朋友们简单介绍几种吧！

先说说我们非常熟悉的仙人掌。这种植物生命力很强，不需要我们频繁浇水就能存活。它还能吸收辐射，在电脑旁摆上一盆，是电脑族们不错的选择哟！

如果小朋友家里刚装修不久，最好种

CO_2

O_2

植吊兰、芦荟、虎尾兰、龟背竹等植物。它们有着很强的吸附作用，可以吸收甲醛等有害物质，非常适合放在新居内。平时我们还可以养养兰花、蜡梅、桂花等，它们就像是天然的吸尘器，能够吸附空气中的浮尘，净化家中的空气。

如果小朋友或者家里人的睡眠不太好，可以在房间内种植玫瑰、茉莉、紫罗兰等，这些植物具有安神的作用，能让人精神更加松弛，睡眠更加舒畅，还能让小朋友变得更聪明呢！

除了以上这些，桂花、铃兰、石竹、紫薇也是不错的选择，它们外观美丽，不仅能装点我们的房间，其特有的香味还是不错的杀菌剂。

看来，喜欢在室内生长的植物有好多种啊，现在就让我们行动起来，把大自然搬进家里吧！不过，一定要找那些喜欢我们家的植物哦！

南北方的植物有差异吗

不知道小朋友们有没有和父母去过很远的地方旅游呢？如果你有过从南方到北方，或是从北方到南方的旅游经历，那么你一定会发现南北两地有许多明显的差异吧。其中，最直观的就是植物的差异了。

也许你曾听过这样一种说法，"橘生淮南则为橘，生于淮北则为枳"，说的就是植物的地域差异。相信很多小朋友都看过我们国家的地图，我国的南方和北方

以秦岭—淮河为分界线，二者的跨度非常大，所以即便是同一种蔬菜或水果，由于各自所处地域的不同，其形态、味道和功效等也都不一样。

那么，南北方植物具体存在什么差异呢？

我们可以拿公园里的花草树木打个比方。小朋友们有没有发现，北方的公园中大多数是树木，而南方的公园中则多是鲜花。这样明显的地域特色与当地的气

候有很大关系。

这就是所谓的因地制宜。南方温暖湿润，而且昼夜的温差小，在这样的环境下自然四季都有鲜花盛放。而北方温度比较低，降水量也没有南方丰富，即使有花儿，也没有南方的娇艳，所以北方的公园里常常以参天大树为景啦！

不知你是否还留意到，南方的树和北方的树也不大一样哦！南方大多是大叶子的阔叶林，而北方生长

的多数都是像松树一样的针叶林。即使在北方的夏季，也很少见到阔叶植物。

除了温度和降水，光照的差异也使得南北的植物有所不同呢。南方光照充足，植物的果皮都比较厚，而北方则正相反。最直观的例子就是我们常吃的水果了。

仔细观察，你就会发现，北方人喜欢鸭梨、桃子、杏、苹果等皮薄且可以直接吃的水果。而南方人的喜好就不一样了，他们吃的水果往往需要剥皮，比如香蕉、荔枝、芒果、菠萝等。

怎么样，南北的差异是不是很有趣？其实还有

南方吃米粉，北方吃面条

在我国，南北方的饮食习惯是有区别的。南方人喜欢吃米，比如米粉；而北方人则爱吃面食，比如馒头。这是由于南方高温多雨，是水稻理想的生存环境；而北方降水少、气温低，适合种植小麦。由于种植的作物不同，南北的饮食习惯也就出现了明显的差异。

很多很多呢，在这里就不一一细数了。

现如今，科技发展的速度非常快，很多地方都出现了温室大棚，通过对环境的调节，我们也能让南北方的植物互相"搬家"啦！小朋友们也可以尝试一下，在家里种植一盆异地的植物吧！

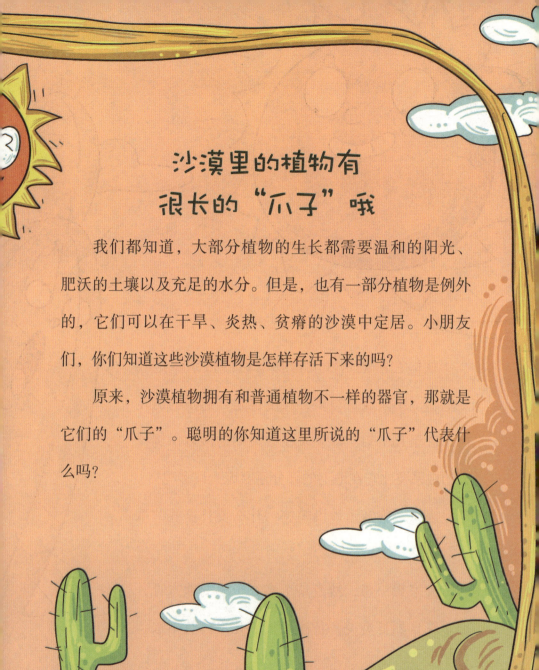

沙漠里的植物有很长的"爪子"哦

我们都知道，大部分植物的生长都需要温和的阳光、肥沃的土壤以及充足的水分。但是，也有一部分植物是例外的，它们可以在干旱、炎热、贫瘠的沙漠中定居。小朋友们，你们知道这些沙漠植物是怎样存活下来的吗？

原来，沙漠植物拥有和普通植物不一样的器官，那就是它们的"爪子"。聪明的你知道这里所说的"爪子"代表什么吗？

对！它们就是沙漠植物发达的根系。这些"爪子"不仅数目很多，长度也是普通植物的几倍，甚至几十倍。以生长在沙漠中的沙棘举例，它的根系要比它在地上的部分还要庞大许多呢！

那么，你知道沙漠植物为什么要长这些"爪子"吗？

大家想一想，沙漠是个多么干旱的地方呀，那里终日烈日炎炎，黄沙漫天，几乎没有雨水。

要想在这么艰难的条件下生存，每个物种都会竭力去适应环境。沙漠植物为了能吸收到土壤最深处的水分，便终日伸展着根系，久而久之，它们的"爪子"就变得越来越长，越来越多了。

小朋友们现在明白了吧，这些"爪子"沙漠植物的一种求生本能。如果有一天它们失去了长长的"爪子"，很快就会因为缺水而死去的。

69

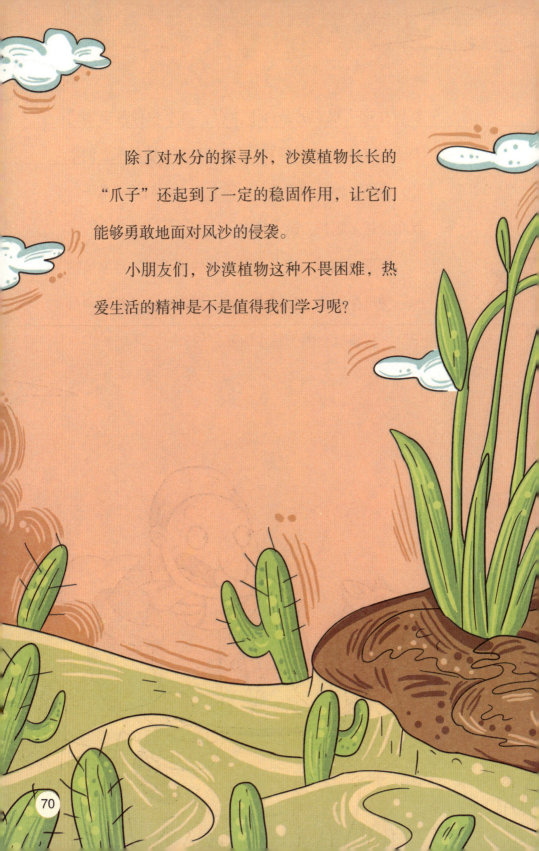

除了对水分的探寻外，沙漠植物长长的"爪子"还起到了一定的稳固作用，让它们能够勇敢地面对风沙的侵袭。

小朋友们，沙漠植物这种不畏困难，热爱生活的精神是不是值得我们学习呢？

你知道杂交水稻的秘密吗

大米是我们日常生活中最常见的主食，而产出大米的作物就是水稻。一说起水稻，小朋友们一定会联想到袁隆平，他可是大名鼎鼎的"杂交水稻之父"啊！

小朋友们，你们知道吗，世界上从来没有一种水稻能像杂交水稻这样高产，正是因为杂交水稻的出现，才让更多的人吃上了香喷喷的米饭。

那么，到底什么是杂交水稻呢？这里为大家解释一下：杂交水稻就是将两个有不同遗传特点的水稻品种，分别作为母本和父本进行杂交，最后孕育出的一种新型水稻品种。

不过想要种植杂交水稻可不是一件容易的事啊！通常情况下，雌雄异体的植物要进行杂交，只要用雄蕊花粉给雌蕊授粉就可以了。然而，水稻是雌雄同体的植物，也就是说，它通常都是自己进行授粉，这样就加大了杂交的难度。

想要对水稻进行杂交，就要人为地毁掉一种水稻的雄蕊，让它没有自己授粉的途径。但是，如果依靠人工毁掉上万棵植株的雄蕊是非常困难的，所以先要培育

出一种雄蕊退化的水稻品种，我们把这种半成品称为母本。

接下来，还需要选定2个母本。其中一个选择和它近似的植株给它授粉，这样它的后代就没有雄蕊了。而另外一个母本则接受健全植株的花粉，这样产生的植株就是有着雄蕊并且更加健壮的植株。

之后，还要分出不同的田地来进行重复种植。把母本和母本性状明显的植株放在一块田里，经过不断繁殖、筛选，最终收获雄蕊彻底消失的植株；而在另一块田地里，让母本和健全植株

什么是杂交呢？

生物学中所讲的杂交，指的是不同种、属或品种的动物或是植物之间的交配。一般而言，杂交分为两类：第一类是近亲交配，也就是亲缘关系近的物种之间的杂交；第二类称为远缘杂交，是指不同种、属之间，或是亲缘关系很远的物种之间的交配。

杂交，产生更加健壮的植株。直到这时杂交的过程才算终结。

现在，小朋友们明白什么是杂交水稻了吧。虽然这个道理叙述起来很容易，但在真正实践中却存在着巨大的困难，要不断尝试，累积经验，才能获得最终的成功。

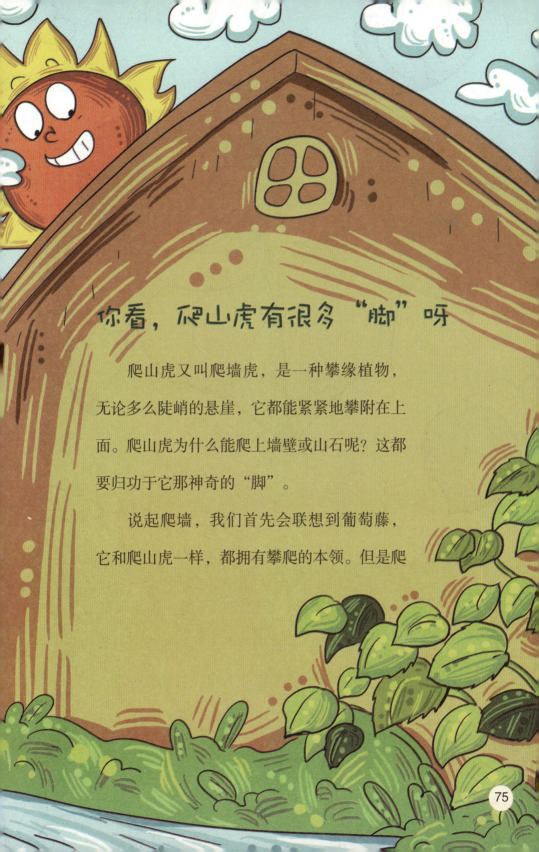

你看，爬山虎有很多"脚"呀

　　爬山虎又叫爬墙虎，是一种攀缘植物，无论多么陡峭的悬崖，它都能紧紧地攀附在上面。爬山虎为什么能爬上墙壁或山石呢？这都要归功于它那神奇的"脚"。

　　说起爬墙，我们首先会联想到葡萄藤，它和爬山虎一样，都拥有攀爬的本领。但是爬

山虎却不像葡萄那样依靠藤蔓攀爬，而是依靠它与众不同的"脚"。

在闲暇的时间里，小朋友们不妨仔细地观察一下爬山虎。你会发现，在它的枝条上面有很多的卷须和分枝，在卷须的顶还长着吸附能力很强的黏性吸盘，这些吸盘就是爬山虎的"脚"了。你可以试着拉一拉爬山虎，你会发现如果不花费力气，它是很难被拉动的。

　　无论是棱角分明的岩石，还是凹凸不平的树皮，甚至是光滑的墙面，只要爬山虎的"脚"触到攀附物，都能牢牢地抓稳，并顺势向上，越爬越高，越爬越牢固，越蔓延越广。

　　爬山虎枝繁叶茂，层层密布，到了秋季，叶子的颜色会变红，非常漂亮，所以它常常被用来装点建筑物、围墙和假山等。

虽然爬山虎的生存能力很强，还有着令人羡慕的吸附能力很强的"脚"，但是，如果它离开攀附物的话，几天之内就会枯萎，最后就消失不见了。

小朋友们，如果你还没有见过爬山虎的"脚"的话，那么可以在周围找一株爬山虎，仔细研究一下吧！

为什么树干
都是圆圆的呢

大树是我们日常生活中最常见的植物了。小朋友们有没有想过，为什么大树的树干是圆形，而不是方形呢？

其实，世界上所有的生物都是经过了漫长的进化后才成为现在的样子的，而那些没能适应环境变化的物种现如今都已灭绝了，这就是大自然中的优胜劣汰法则。

　　树木也是如此。在漫长的历史长河中，它们在环境的影响下不断地进行自我改变、自我塑造，最终适应了环境，顽强地生存了下来。

　　那么，为什么圆形的树干才是最适应环境的呢？

　　一方面，圆形所占的面积最大，圆形容器的体积也最大，树木要想贮存足够的营养，要想生长得枝繁叶茂，这种形状无疑是最理想的了。所以，树干会不断进化成圆形的。

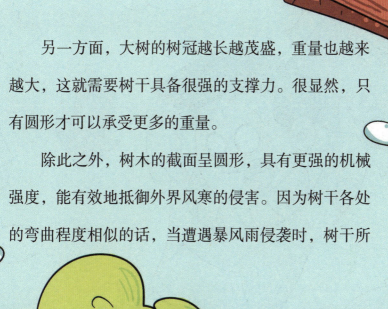

另一方面，大树的树冠越长越茂盛，重量也越来越大，这就需要树干具备很强的支撑力。很显然，只有圆形才可以承受更多的重量。

除此之外，树木的截面呈圆形，具有更强的机械强度，能有效地抵御外界风寒的侵害。因为树干各处的弯曲程度相似的话，当遭遇暴风雨侵袭时，树干所

承受的阻力大小也会是相似的，这样就不易受到灾害的破坏。

看吧，即使是一棵树，身上也蕴含着这么多知识。大自然的秘密真是无穷无尽的啊！小朋友们，想不想走近大自然，继续探索植物的奥秘呢？

植物的根为什么向下长

我们从土壤里拔起一棵植株时，都要花费很大的力气，原因是植株都有深深地扎在土壤中的根。

在我们的生活中，无论何种植物，从一粒小小的种子萌发开始，它们的根就自动向地下生长，而茎干则伸向天空。那么，小朋友们是否思考过，为什么植物的根会不断向地下

延伸、生长呢?

聪明的你可能会回答，因为植物的根具有向地性。

没错！由于地心引力的作用，植物的生长素大多数聚集在根部，而生长素对根部有着抑制的作用，使得植物的根系不断地向下生长。

除了地心引力的作用之外，根系向下生长还有其他原因。在自然界中，植物难免会经历风雨，如果没有深植地下的根系，那么就很容易被风吹倒，或者被雨水冲走。

此外，向下生长的根能充分吸收土壤深层的营养，使植物更好地生长，特别是生长在贫瘠土地上的植物，比如我们在前面提到的沙漠植物，它们的根系就比普通植物的根扎实得多。

生长在大自然中的植物都是顽强的，它们为了活下去，会不断地适应环境，调整自己的习性。即便是一棵小草，也会尽自己最大的努力将根系牢牢扎入到土壤中。

原来这个普遍现象的背后，蕴涵着如此复杂的科学难题啊！怎么样，植物是不是很神奇、很有趣呢，通过对大自然的观察，我们还能得到更多的启示呢！

要移栽了，
快来给我"理发"吧

随着时代的进步，人们越来越注重环保问题了。不知小朋友注意到没有，当一片空地要建筑新楼盘的时候，建筑工人都会把地面上的树木完完整整地挖出来，然后送到另外一个地方重新种植，这就是我们所说的移栽。可是，被移栽的树木总是光秃秃的，很多枝叶都被剪掉了，只剩下了主干。

　　移栽明明是保护植物的措施，为什么工人们要给繁茂的树木"理发"呢？

　　其实，"理发"是移栽树木前非常重要的一个步骤。只有这样，才能真正地保护它们。

　　我们都知道，树木依靠树根汲取水分和养料，依靠树干向枝叶输送营养物质。在移栽的过程中，树根要暂时离开土壤，树木暂时失去了养分和水分的供给，此时只能依靠体内先前贮存的养分来满足自身的生长，所以工人们剪掉枝叶，也就抑制了它们对养分和水分的吸收。

另一方面，在移栽的过程中，树木的根系难免会受到损害，一旦受损，树根进入新环境里无法马上复原。而此时树木的叶子又会因为蒸腾作用消耗大量的水分，如果不剪掉一部分枝叶，那么树木就面临着缺水的危机，非常容易死亡。

什么是植物的蒸腾作用

蒸腾作用，是指水分通过植物叶子上的叶孔流失到大气中的过程。虽然这个过程中的水分也是以水蒸气的形式，但是蒸腾作用与物理学上的蒸发完全不同。影响植物蒸腾作用的因素，不仅包括外部环境，同时，植物本身也会对蒸腾作用进行调节和控制。

因此，为了提高成活率，树木在搬家之前都会"理理发"。枝叶被修剪，树根的负担就减轻了。树木被移植到新环境，根部会慢慢地与周围环境相融合，当树木适应了新环境之后，那些被剪掉的枝叶，还会像从前一样重新长出来。

小朋友们不要再为剪掉的树叶惋惜了。为了树木能够更好地生存下去，搬家前一定要先牺牲一下"美貌"，剪一次"头发"哦！

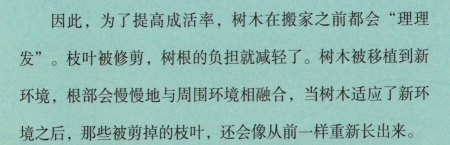

喜欢下雪的梅花

"墙角数枝梅，凌寒独自开。遥知不是雪，为有暗香来。"小朋友，你知道这首诗写的是什么吗？对，说的就是梅花！冬天到了，很多植物都躲起来了，只有梅花成为冬日里一道独特的风景。越是寒冷，梅花开得越是娇艳。

为什么梅花会选择在冬季开放呢？难道是因为它喜欢皑皑白雪吗？

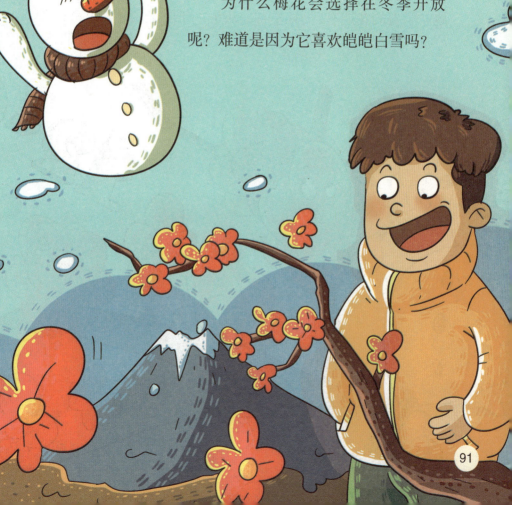

　　梅花是一种非常耐寒的植物，它对土壤的要求不高，这就是它在冬季绽放的主要原因。当然，并不是所有的梅树都会在冬季开花，但它们都能很好地越过寒冷的冬季。

　　现在，我要为小朋友们介绍一种在冬季开花的梅花——腊梅，它又被称为雪梅，光听名字我们就知道它有多么钟爱严寒和白雪。

　　腊梅原产于我国的东部，现如今广泛地生长在全国各地。腊梅的花期有1个月左右，从头一年的十二月，也就是腊月，一直开到第二年的正月。

　　腊梅是诗人们所称颂的"花中君子"。因为它在花卉争相绽放时候静静地沉睡，而在萧条严寒的冬季悄然盛放，坚韧地承受着暴风雪，这也正是文人们喜爱它的原因。

　　腊梅的花朵可以入药，有着止咳的作用，能够治疗呕吐、头晕以及中耳炎等病症。不过梅花虽然是种好药材，但是腊梅的果实和枝叶却有毒，小朋友们一定要注

意，千万不要误食它的果实和枝叶啊！

小朋友，试着想象一下，在一片皑皑白雪中看到几枝腊梅，是多么让人欣喜的事情啊！所以到了冬天，你可不要每天窝在家里面，偶尔外出去寻找一下腊梅的踪影，一定能为你的寒假带来美好的回忆！

草原上为什么
没有高大的树

小朋友，你去过广袤无垠的大草原吗？你在电视节目中是否领略到草原的风采？不知你在欣赏的同时有没有很疑惑：为什么草原上只有草，而没有高大的树木呢？草原上的大树是被动物吃掉了，还是原本就很少有树木呢？

相信你已经猜到答案了，显然，答案就是后者。

在草原上，除了灌木丛外，很少能见到其他树木，这跟草原的土地构造有关系。原来，草原上的浅土

层比较稀薄，最厚的也不会超过半米。泥土层的下方就是砾石层，植物的根系难以穿过。

我们都知道，树木的根系要深扎在泥土中，才能汲取充足的水分和养分，而草原上浅薄的泥土根本无法使其根系舒展地生长。另外，由于土层薄，吸收不了多少水分，加上草原上常有大风刮过，因此，土壤中的水分蒸发得特别快。在缺少水分的土壤中，树木也就很难生长了。

20cm

在草原生活的稀有动物

广袤的大草原上虽然没有高大的树木，但是却拥有很多珍稀的动物。比如羚牛、藏羚、双峰驼、雪豹、猞猁等哺乳动物，都是草原上的常住居民。而且很多稀有的鸟类，像丹顶鹤、苍鹭、秃鹫等在草原上也能见到。此外，草原上还生活着像四爪陆龟、沙蟒这样的爬行动物呢！

另外，草原地区的年降水量比较少，同样也不能为树木的生长提供足够的水分，所以树木就很难在草原上生存了。

虽然我们在草原上很少见到树木，但也有例外，在气候比较温湿的热带草原，还是有一些树木的，只不过数量非常稀少。

小朋友们，如果有机会，一定要去看看美丽的草原，去感受一下"风吹草低见牛羊"的独特魅力吧！

太冷了，快给我"穿"件"衣服"吧

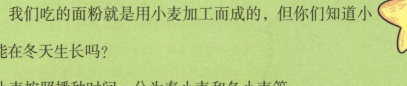

说到小麦，小朋友们应该很熟悉，它与我们的生活联系密切，我们吃的面粉就是用小麦加工而成的，但你们知道小麦也能在冬天生长吗？

小麦按照播种时间，分为春小麦和冬小麦等。

通过名字我们就能了解到，春小麦是在春天播种，而冬小麦就是能越冬的了。冬小麦在每年的9—10月份播种，生长

大约半年时间，直到来年的5—6月才会
成熟。

那么，冬小麦如何熬过漫长而寒冷的冬季呢？到了冬季它不会被冻死吗？

事实上，一进入冬季，冬小麦就会披上一层厚厚的"棉衣"来防寒，这样它就可以无忧无虑地度过寒冷的季节了。小朋友，你现在是不是在思考，究竟怎样给小

麦"穿衣服"呢?

哈哈,其实,小麦不用我们的帮助,等到天上飘起大雪,它们自然会披上一层白色的"棉袄"了。

你是不是又要问,那么冷的雪怎么能当棉袄呢?别急,马上为你解释。

当大雪覆盖小麦之后,能对冬天的冷空气起到一个隔绝的作用,这样就能够保证小麦

在冬天不被冻坏。另外大雪还可以冻死一些正在过冬的病虫卵，为冬小麦越冬后的健康生长打下了坚实的基础。

等到春暖花开的时候，这层多功能"保暖棉服"就会慢慢融化，为土壤提供了充足的水分，同时也带来了肥料。

俗话说"瑞雪兆丰年"，有了大雪的帮助，冬小麦一定会取得良好的收成哦！

怎样科学收割韭菜

过年的时候，家家户户都会吃饺子。如果说起传统的饺子馅儿，相信你一定最先想到韭菜。

韭菜是一种营养价值非常高的蔬菜。除了可以食用以外还有药用价值，它的种子和叶都能够入药，有健胃、提神的功效。和韭黄一样，韭菜也能够润肠通便。

韭菜还有一个不同于其他蔬菜的特点，那就是当它收割的时候，不需要被连根拔起，只需要用镰

刀将地面上的部分割下来就可以了。之后，被割的地方还能长出新的韭菜。如果在收获时，将韭菜连根拔起的话，无疑是浪费了资源。要知道，在韭菜的生长季节，一块韭菜地里能反复收割好几次呢！

有的小朋友会问，为什么韭菜能够收割好几次呢？现在就来为你解答一下吧。

韭菜是多年生的植物。它的根是圆锥形的鳞茎，这种根很特别，它能存贮充足的营养。当我们收割过韭菜之后，新一批的韭菜就会再次吸收鳞茎中的营养，继续生长出来，这是韭菜的生长规律。所以说，只要我们不伤及韭

菜的根部，在韭菜收获的季节里，它就能源源不断的长出来啦！

事实上，不仅是韭菜有着这样的特点，我们常吃的蒜薹和蒜黄也是这样的。如果你想要知道它们是怎样再次生长的，就和你的爸爸妈妈在阳台上种一些，仔细观察观察，顺便品尝一下自己的劳动成果吧！

莲藕的"心"里有好多洞洞

夏天，小朋友在公园游玩的时候，一定见过在水中开放的荷花吧？它婀娜多姿的样子是否令你陶醉呢？但你们知道吗，荷花不仅能欣赏，还能吃呢！不过，我们吃的不是它的花瓣，而是它的花茎——莲藕。

其实，我们平常吃的萝卜、土豆也是植物的茎。细心

的你可能已经发现了，这些食物都是实心的，而莲藕的身上却有许多小洞洞呢。这些圆圆的孔洞是妈妈的巧手雕出来的吗？当然不是了，它们可是莲藕特有的形态。

那么，为什么莲藕身上会有小洞洞呢？这就要从它独特的生长环境说起了。莲藕不像其他植物那样长在土地里，而是生长在淤泥中的。

植物要想生长，必须进行呼吸作用，莲藕也不例外。但

莲藕长期埋浸在淤泥里，它的呼吸过程很艰难，于是聪明的它为自己设计了一些贮存空气的空间，那就是它们身体中的小洞洞。

这些小洞连接着叶柄上的孔洞，空气由叶片的气孔吸收后，经叶柄送到这些小洞洞中，这样，莲藕就能顺利地进行呼吸了。

除此之外，莲藕的洞洞还能帮助它减轻重量。试想一下，如果莲藕中间没有那些小洞，那么它的重量就会增加，很可能会深陷到污泥里，甚至莲叶还没长出来就被

莲花的果实是什么?

莲子是莲花的果实,也是它的种子。莲子被称为白莲、莲实、莲米、莲肉,我国大部分地区都有出产,其中以江西赣州和福建建宁最为著名。莲子在秋冬时节成熟,人们割取莲房之后就能获取果实,没有被收获的莲子就会随着莲蓬坠入水中,沉于泥内,在适当的条件下重新孕育出新的生命。

"淹死"了。

看来,以后小朋友们再也不能小瞧地球上的植物了。它们虽然不会走路和说话,但却拥有智慧的生存方式。这些神奇的植物,不断面临着生存的考验,并根据环境调整自己的生存策略,真的很让人钦佩呢!

西瓜籽会在肚子里发芽吗

小朋友，你们喜欢吃西瓜吗？西瓜味道甜美、清凉，是消暑解渴的珍品。在炎炎夏日里，吃上一块甜甜的西瓜，真是一件头等的美事啊！

西瓜几乎全身都是宝，西瓜瓤能够食用，西瓜皮能够美容，就连成熟的西瓜籽都是我们喜爱的零食。

说到了西瓜籽，就情不自禁想问大家一个问题：小朋友们有没有在吃西瓜时吞咽过西瓜

籽呢？你是否担心过西瓜籽会在肚子里生根发芽呢？嘿嘿，相信有过这种想法的小朋友一定不在少数！

现在，让我们来思考一下，西瓜籽到底会不会在肚子里发芽呢！答案当然是否定的。要知道，西瓜籽发芽是需要条件的。首先，环境中要具备充足的水分。西瓜籽只有在"喝饱"了的情况下，外面的保护膜才会软化，氧气才能进入到它的内部。其次，西瓜籽发芽还需要空气，只有不断地呼吸新鲜的空气，西瓜籽才会拥有发芽的能量。

最后一点，西瓜籽萌发的温度大约在25℃至30℃，我们体内的温度要比这个温度高很多呢！

说完了种子发芽的条件，再来了解一下人体内部的情况。我们吃的东西首先会进入我们的胃部，它们需要胃酸的帮助才能消化，而废渣则会通过我们的肠道排出体外。退一万步来说，即使我们的肚子里有让西瓜籽发芽的条件，它也没有发芽的机会，因为发芽的周期还没到，它就已经被我们排出体外了。

所以小朋友们不必担心，无论从哪个方面来讲，西瓜籽都不会在我们身体里发芽的。不过，小朋友们，为了便于消化，在你吃西瓜时最好还是要吐籽啊！

香蕉都是弯弯的"月牙"吗

小朋友们，你们是不是很喜欢吃美味又营养的水果呢？那些水果形状、味道各异，颜色也不同，其中香蕉鲜艳的颜色和奇特的形状总能在瞬间就吸引住我们的眼球。

香蕉不像苹果、橘子那样是单独的个体，而是好多根连在一起，一串串的，像一个个小小的家庭在拍全家福。你挤我，我挤你，都想站在最中间，最后，大家都挤弯了腰。

　　不知小朋友们是否想过，一般的水果都是球形的，为什么香蕉偏偏是弯曲的呢？它的形状就像弯弯的月牙一样，这又是什么原因？

　　原来，香蕉和葡萄差不多，都是一簇一簇地生长的。每一簇香蕉都会按照顺序，沿着根状茎的旁侧向上生长。长着长着，植物的向阳性又起作用了。当阳光照射下来，每一支香蕉都尽可能向有阳光的地方生长，但它们彼此又挨得紧紧地，经过不断相互挤压，香蕉最终变得弯曲，就像天上弯弯的月牙一样。

剥开香蕉华丽的外衣，不仅能闻到浓郁的香气，还能看到白白嫩嫩的果肉，轻轻地咬上一口，嘴里会有一种滑滑的、甜甜的感觉。是不是好吃极了？你的心情是不是变得愉悦了？要知道，欧洲人都称香蕉为"快乐之果"呢！

香蕉不仅仅味道甜美，它的营养价值也不容小觑哦！它含有丰富的蛋白质、糖、钾、维生素A和维生素C，同时膳食纤维也多，是相当好的营养食品。平时适当吃些香蕉，能增进食欲、帮助消化，保护我们的神经系统。

香蕉还能被加工成各种美味，比如糕点、果脯等等。除

香蕉的原产地是哪里?

香蕉的原产地在东南亚。东南亚北邻中国。目前，该地区共有12个国家。我们比较熟悉的越南、老挝、柬埔寨、泰国、缅甸、马来西亚、新加坡、印度尼西亚、文莱、菲律宾等都是东南亚的国家。整个东南亚有90多个民族，以黄色人种为主。东南亚也是世界上外籍华人和华侨最集中的地区之一。

此之外，生物学家还能从它的假茎中提取出食品防腐剂、染料和固定剂的原料。真是用途多多呀！

现在看来，香蕉一定是因为太受人们的欢迎而"笑"弯了"腰"吧。

椰子树也想去大海里"洗澡"呢

如果你跟着爸爸妈妈到过海南的话，那么椰子树对于你来说就不陌生了。在我国的海南，椰子的种植历史已经有2000余年之久了。不过，椰子不是我国的本土作物，它原产于马来群岛，后来才传入我们国家。

椰子树非常高，而且树干光滑，树叶全部长在树的最

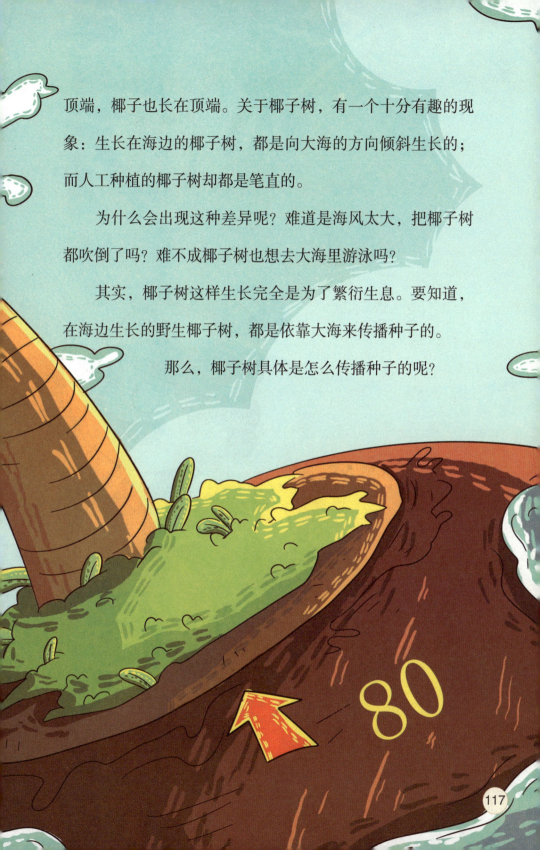

顶端，椰子也长在顶端。关于椰子树，有一个十分有趣的现象：生长在海边的椰子树，都是向大海的方向倾斜生长的；而人工种植的椰子树却都是笔直的。

为什么会出现这种差异呢？难道是海风太大，把椰子树都吹倒了吗？难不成椰子树也想去大海里游泳吗？

其实，椰子树这样生长完全是为了繁衍生息。要知道，在海边生长的野生椰子树，都是依靠大海来传播种子的。

那么，椰子树具体是怎么传播种子的呢？

80

当椰子成熟之后，会从树上脱落，掉入大海中，在海浪的作用下开始自己的旅程。椰子有一层厚厚的木质"外衣"，能在水上漂浮很远。一旦被海水冲到岸边，遇到合适的环境，就会在那里定居，进而生根发芽。

所以，椰子树如果想要借助大海的力量进行繁殖，就要尽可能让椰子落入海水中，这就是椰子树向海

水倾斜的原因咯!

不过，有的人认为，海岸的倾斜才是使椰子树倾斜的原因，但事实上这种说法是错误的。因为植物有向地性，即使岸边是倾斜的，植物还是会向上生长。所以小朋友要懂得思考，千万别被错误的答案迷惑了。

仙人掌为什么能在沙漠里生存

对我们来说，仙人掌并不是一种陌生的植物，它的生命力旺盛，抗旱，耐炎热。即便身处灼热的沙漠之中，仙人掌依然可以傲然地存活。那么，它如此顽强的生命力是怎样赢得的呢？

看看它的外观，还真是怪异，没有宽大的叶片，反而像刺猬一样生满了刺。其实，那些刺就是仙人掌的叶子，之所以长成刺的形状，一方面是为了最大限度地降低水分的蒸发，毕竟沙漠中的水分是非常珍贵的。另一方面，这些刺也

能起到保护的作用，可以防止天敌吞食它们。

仅仅通过仙人掌的外观，还并不足以说明它为什么能够生活在沙漠之中，下面，就让我们进一步地解释一下吧！

除了叶子外，仙人掌的茎秆也是让它在沙漠中得以生存的重要原因之一。仙人掌的茎秆掌粗大而肥厚，其中长着非常发达的薄壁细胞组织，这样就保证了它能够自由地伸缩。当环境中水分较为充足的时候，它就会膨胀，将水分贮存起来；当环境干旱缺水的时候，它又会向内收缩，释放水分。由于茎秆的特

殊性，不仅能够帮助仙人掌自身降温，还起到了保护表皮的作用。

仙人掌的茎秆还有一个重要功用，就是替代叶子进行光合作用。我们知道，仙人掌的叶子像刺一样，难以进行光合作用，于是，绿色的茎秆便肩负起这份工作，为仙人掌提供养料。

说完了仙人掌的叶子和茎秆，最后要提的就是它异常庞大的根系了。和众多沙漠植物一样，仙人掌的根系非常发

达，以便于吸收地下的水分，在沙漠里更好地生存下去。

有一件事需要提醒各位小朋友。如果你家里也养仙人掌，千万不要每天都为它浇水呀！因为水浇得太多，会使仙人掌的根茎腐烂。如果你真的为它好，就让它每天多晒晒太阳吧，毕竟这种植物来自日光强烈的沙漠哦！总之，我们要尊重仙人掌的生活习性，让它自由自在、健康地成长。